AF343277

OBSERVATIONS

SUR

L'URINE DE CHAMEAU,

FRAICHE ET PUTRÉFIEÉ;

Par M. ROUELLE, démonstrateur en
chimie au Jardin du Roi.

Du 16 Avril 1777.

§. I.

L'URINE de chameau qui a servi aux
expériences des réactifs a été prise le matin
sur les huit heures, & les expériences ont
été faites à onze heures.

1º Cette urine a une couleur de bière
blanche peu foncée, couleur qui varie plus
ou moins ; elle est un peu nébuleuse.

2º Elle a plus l'odeur de l'urine de vache
que de toute autre urine, & en diffère

A

peu ; mais elle diffère beaucoup de celle de cheval, ainsi que de l'urine humaine.

3º Elle n'a point l'état mucilagineux de l'urine de cheval, ne file point comme elle, & ne dépose aucun sédiment terreux.

4º Cette urine soumise au pèse-liqueur qui contient une once d'eau distillée, pèse 33 grains de plus que la même eau distillée.

Celle de vache traitée de même, pèse 20 à 21 grains de plus.

Celle de cheval, 24 grains.

L'urine humaine, 15 grains.

5º L'urine de chameau est légèrement savonneuse & onctueuse au toucher, comme une légère lessive alkaline ; ce qui lui donne encore de la ressemblance avec l'urine de vache.

6º Elle verdit l'infusion des fleurs de violettes, comme fait une lessive alkaline un peu foible.

7º Avec les trois acides minéraux affoiblis d'eau, & avec l'acide du vinaigre, elle fait une effervescence assez marquée qui augmente beaucoup par l'agitation ; preuve qu'elle contient un alkali tout développé.

8º Lorsqu'on y mêle les alkalis fixes & volatils en liqueur, elle n'en reçoit d'aucune altération.

9º L'alkali indiqué nº 7 dans cette urine, par l'effervescence qu'elle fait avec les aci-

des minéraux & celui du vinaigre, est l'alkali végétal. Pour s'en convaincre, il suffit
d'observer qu'en y mêlant de l'acide nitreux le plus foible jusqu'au point de satu-
ration, on obtient, par une évaporation
convenable, un vrai nitre. On pourroit
peut-être soupçonner que ce nitre est dû à
la décomposition du tartre vitriolé contenu
dans cette urine, parce qu'il est possible
qu'il s'en décompose une portion ; mais
tout le nitre qu'on obtient n'est assurément
pas le produit de cette décomposition :
d'ailleurs il est facile de s'assurer du fait,
en saturant cet alkali fixe de l'urine de chameau avec de l'acide vitriolique, ou de
l'acide du sel marin, on obtient plus de
tartre vitriolé ou plus de sel fébrifuge que
n'en donne naturellement une même quantité d'urine : cela prouve donc que le nitre
qu'on obtient de l'urine de chameau n'est
nullement le résultat de la décomposition
du tartre vitriolé de cette urine, par l'a-
cide nitreux.

10° Une pinte d'urine de chameau évaporée au bain-marie en consistance de bol
un peu ferme, donne trois onces six gros,
plus ou moins, de résidu.

Celle de vache traitée de même par
l'évaporation au bain-marie, en donne
deux onces sept gros & demi.

Celle de cheval également évaporée à

la même confiſtance, en donne trois onces deux gros, plus ou moins.

On doit obſerver que toutes les fois qu'on repète les expériences n° 10, on a toujours des variétés dans les produits, comme je l'ai déja fait remarquer ſur l'urine humaine (*a*).

§. II.

Des ſubſtances contenues dans l'urine de ~~vache~~ *Chameau*.

1° Cette urine contient auſſi deux ſubſtances, l'une ſavonneuſe & l'autre extractive, toutes deux très-ſolubles dans l'eau, comme celles des autres urines (*b*), telles que l'urine humaine, celles de vache & de cheval.

2° La partie ſavonneuſe qui y eſt en grande quantité, ſe diſſout aiſément dans l'eſprit de vin, & favoriſe auſſi la diſſolution de l'alkali fixe.

3° Cette ſubſtance ſavonneuſe donne dans ſon analyſe les mêmes produits que celle de l'urine de vache.

4° La partie extractive eſt plus abondante dans cette urine que dans l'urine humaine; en cela elle reſſemble beaucoup plus à l'urine de vache.

____

(*a*) *Voyez* Journal de Médecine du mois de Novembre 1773.

(*b*) *Ibid.*

5° L'urine de chameau contient les matières suivantes, savoir ;

Un vrai tartre vitriolé en assez grande quantité.

Du sel fébrifuge de Sylvius.

De l'alkali végétal parfaitement semblable au sel de tartre. Cet alkali se trouve abondamment dans l'urine de chameau.

Quant au sel acide volatil que j'ai remarqué dans l'urine de vache, mes expériences n'ayant point été faites sur une quantité assez considérable d'urine fraîche de chameau, ne m'ont pas encore permis de déterminer précisément si cette urine en contient. Je suis d'autant plus volontiers porté à le croire, que l'urine de chameau a une parfaite ressemblance avec celle de vache, tant par les différentes substances qu'elle contient, telles que la partie savonneuse & la partie extractive, que par les sels & par l'odeur. Cette ressemblance est au point qu'il est difficile de les distinguer. Je déterminerai par la suite l'existence ou la non-existence du sel acide volatil dans l'urine de chameau. Je supprime ici beaucoup de détails sur les procédés de cette analyse, dont plusieurs sont minutieux ; je les réserve pour une dissertation sur ces quatre espèces d'urine.

Je dirai cependant que l'urine de chameau après avoir été brûlée, & le charbon bien leſſivé, donne par pinte depuis une once juſqu'à une once & un gros de tous les ſels dont nous avons parlé ci-deſſus.

Le charbon réduit en cendres donne depuis un gros juſqu'à un gros, & deux ſcrupules & plus de véritable terre ou cendre.

Quant au ſel ammoniac, on doit voir d'un coup d'œil ce qu'on en doit penſer. On a cru juſqu'à ces derniers temps qu'il étoit contenu en ſi grande abondance dans l'urine de chameau, qu'on étoit perſuadé que tout celui qui nous vient de l'Egypte, lui devoit ſon origine; on avoit imaginé que cette urine répandue par ces animaux ſur les ſables brûlans de la Lybie & de l'Arabie, y étoit cuite par l'ardeur du ſoleil, & convertie, pour ainſi dire, en ſel ammoniac, que les habitans recueilloient enſuite, & ſublimoient en pains, tels qu'on les reçoit par la voie du commerce. Ce n'eſt pas qu'on n'ait pu autrefois, & qu'on ne puiſſe même encore aujourd'hui, trouver du ſel ammoniac ſur les ſables brûlans de ces contrées, mais ce ſel y a une tout autre origine, & n'a rien de commun avec l'urine des chameaux : d'autres ont regardé les excrémens du chameau comme préférables à ceux des autres animaux; mais *Haſſelquiſt* nous aſſure que cela n'eſt pas vrai, & que ceux de l'homme & des quadrupèdes de toute eſpèce ſont également employés , & font auffi propres à la fabrication de ce fel. « Les excrémens du » chameau, dit-il, ne valent pas mieux que » ceux des autres animaux ; & quant à fon » urine, il eft faux qu'on s'en ferve , quoi- » que plufieurs auteurs l'aient affuré. »

En effet l'analyfe de cette urine fait voir qu'elle ne contient point de fel ammoniac. Le peu qu'elle en fournit n'eft que l'ouvrage du feu ; & s'il y exiftoit tout fait , l'alkali, qui y eft prefque à nu , & qui n'y tient qu'à une très-légère combinaifon avec les matières favonneufe & extractive dont nous avons parlé , feroit bien plus que fuffifant pour le décompofer : ce n'eft donc qu'à l'aide de la diftillation de quelques-uns des principes de cette urine, qu'on peut obtenir une petite quantité de ce fel.

FIN.